監修 浅利美鈴

# ごみゼロ大作戦!

## ⑤ レンタル & シェアリング

めざせ!
Rの達人
アールのたつじん

# はじめに

　3R(リデュース・リユース・リサイクル)は、ときどきほかのRをくわえて、4Rや5Rと表現されることがあります。ほかのRも、3Rのどれかの中の一種であることが多いのですが、レンタル＆シェアリングは、リデュース(ごみになるものを減らす)とリユース(使用者を変えて、そのままのかたちでものをくりかえし使う)の両方のよいところをとったような行動です。たとえば、ある本を、図書室や図書館でレンタルする(借りる)とします。あなたが借りて、おもしろかったので友だちにすすめると、友だちも借りました。こうして、同じかたちのまま、ある人から別の人へわたるという意味では、リユースの側面があります。さらに、その友だちも別の友だちへ、そのまた友だちへ……と借りていくと、本当なら何さつも買われて(最後にはすてられて)いたかもしれない本が、図書館の1さつですむのです。すごいリデュース効果です。しかも、みんなでシェアして、楽しめるのです。また、いつでも読めるのとちがって、いつ回ってくるかな？ と首を長くして待つ時間や、ついに自分の手にしたよろこびもよいものです。

このレンタル＆シェアリング、本だけでなく、とてもはば広いものに広がっていて、じつは一大ブームとなりつつあります。
　自動車、工具、ブランド品、旅行用品、さらにはあまった食材や、るす中の部屋まで！ものを持てば持つほど、手間や時間がかかります。少ししか使わないのに、購入すると高くつきます。そこで、できるだけものを減らして、シンプルにくらしたいという人がふえてきたのでしょう。ものの世話にかかる手間や時間、お金が減れば、その分を自分の本当にしたいこと（あそびや勉強など）に使えますから。そのほうがお得だと思いませんか？
　みなさんも、自分や家族の身のまわりを見わたしてみてください。レンタル＆シェアリングですみそうなものはありませんか？あれば、家族とも相談して、ぜひ、レンタル＆シェアリングにかえてみてください。うまくいきそうなら、不要になったものは、ちゃんと活かされるように、リユースやリサイクルにまわすのをわすれないでくださいね。

浅利美鈴

# もくじ

はじめに………2
はじめよう！　ごみゼロ大作戦！………5

## レンタルって、なあに？………6
## シェアリングって、なあに？………8

達人の極意　レンタル＆シェアリングとは………10
教えて！達人　使う期間が短いものはレンタルする………12
　　　　　　　レンタルするとよいもの………12
　　　　　　　レンタルを利用する………14
教えて！達人　いっしょに使えるものはシェアリングする………16
教えて！達人　ものの持ち方を考える………18

ごみゼロ新聞　第5号………20

## レンタル＆シェアリングの達人たち………22

1　コミュニティサイクル………24
2　シェアハウス………26
3　赤ちゃん用の品物のレンタル………28
4　店や会社で使うもののレンタル………30
5　ファッション、DVD、CDなどのレンタル………32
6　タイムズカープラス　カーシェアリング………34
7　あかり安心サービス………36
8　フードサルベージ　サルベージ・パーティ®………38
海外の取りくみ　ヨーロッパ………40
海外の取りくみ　アメリカ………41

みんなでチャレンジ！　レンタル＆シェアリングミッション①　レンタルショップを調査しよう………42
みんなでチャレンジ！　レンタル＆シェアリングミッション②　みぢかなあまりもの料理………44
Rの達人検定　レンタル＆シェアリング編………46

さくいん………47

# はじめよう！ごみゼロ大作戦！

> ぼくは「Rの達人」。
> 「R」とは、ごみをゼロにする技のこと。
> 長年の修行によって、たくさん身につけた「Rの技」を、これからきみたちに伝授する。
>
> ## さあ、めざせ！Rの達人！
>
> いっしょにごみをふやさない社会をつくろう。

**「Rの技」**

- リデュース Reduce
- リユース Reuse
- リサイクル Recycle
- リフューズ Refuse
- リペア Repair
- レンタル＆シェアリング Rental & Sharing

この本の本文には、環境にやさしい再生紙とベジタブルインキを使用しています。

買わなくてもいいものなのに、つい、買ってしまっていないかな？
どうしてもほしいものじゃないときは、「レンタル」があるよ。

# レンタルって、なあに？

きみたちは「シェアリング」ってきいたことあるかな？
どんなことなのか見てみよう。

# シェアリングって、なあに？

~達人の極意~

# レンタル&(アンド)シェアリングとは

ものを借りたり、別の人と共有したりして、使うこと

レンタルは「借りる」という意味で、シェアリングは「いっしょに使う」という意味があるんだ。

借りて使う……。それってケシゴムをわすれたとき、となりの子に借りるのと同じ？

それもレンタルといえなくもないね。シェアリングの場合は、ひとつのものをたくさんの人で使うってことなんだ。

たとえば、車で出かけるときは……

車を借りる ＝ レンタル

1台の車を何人もの人で使う ＝ シェアリング

"自分のもの"じゃなくて"みんなのもの"ってことだね。

では、レンタル＆シェアリングの達人になる修行をはじめよう。

# 使う期間が短いものはレンタルする

## レンタルするとよいもの

使う期間が短いものはレンタルしよう。自分が使いおわったあとに、またほかの人が使えて、ごみにならない。

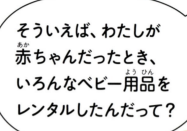

そういえば、わたしが赤ちゃんだったとき、いろんなベビー用品をレンタルしたんだって？

そうよ。赤ちゃんはすぐに大きくなるから、買ってもすぐに使えなくなってしまってもったいないものね。

ベビーベッド

チャイルドシート

ベビーチェア

ほかにもレンタルできそうなものがないか考えてみよう。

たとえば……

**スキー用品**

使うのは冬だけ

**キャンプ用品**

使うのは夏だけ

使うときだけ借りるならしまっておく場所もいらないね。

**発表会のドレス**

発表会のときしか使わない

**スーツケース**

旅行のときしか使わない

# レンタルを利用する

実際にDVDやCDをレンタルしてみよう。

## 1 レンタルショップをさがす

インターネットで借りたいものを貸している店（レンタルショップ）をさがす。市や町で配布している広報紙などに店の情報がのっていることもある。

## 2 借りるものを選ぶ

店に行ったら内容をよく確認して借りる。名前や連絡先などを書いて店の会員になることが、レンタルの条件の店が多い。子どもは保護者の人といっしょに行くようにしよう。

## 3 期限内に返却

あとに借りる人たちのことを考えて、きれいに使って、決められた期限内に返そう。

返却されたものは……

店の人が手入れをして、つぎの人が借りる。

こんなふうにしてたくさんの人が1枚のDVDやCDを借りていくんだね。

レンタルを利用すれば、みんながそれぞれで買わなくてもすむ。ひとつのものを共同で使うから、むだがないよね。

# いっしょに使えるものはシェアリングする

みんなそれぞれで、ものを買って使うのではなく、ひとつのものを何人かで順番を決めて利用したり、分けあったりするシェアリングには、どんなものがあるかな。

**たとえば駐車場**

ぼくの家では、お父さんが仕事に行くのに、車を使うから、平日のお昼は駐車スペースがずっと空いているんだ。

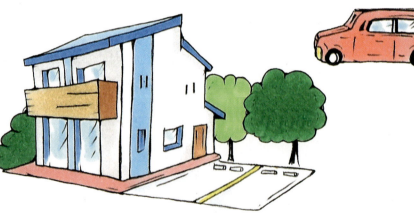

きみの家が使わないなら、そのあいだは、ほかの人が使えるよ。シェアリングになるよ。

## たとえば食べもの

近所のスーパーは、ひとつの商品の量が多いからわたしの家だけでは食べきれない。むだになってしまうことが多いの。

**売っている商品**

うちで使うのはこれだけで十分。

近所の人たちも同じことを言っていたなあ。

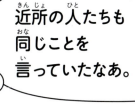

そんなときは近所の人とシェアリング。むだにならないし、別べつに買うよりも、包装のふくろや紙などのごみも少なくてすむ。

シェアリングできてよかった！

# もの の 持ち方を考える

ほしいものをなんでもかんでも買うのではなく、これはどのくらい使うだろう、自分のものにするひつようがあるだろうか、と、「ものの持ち方」を考えることが、ごみを減らすことにつながるんだよ。

### シェアリングでごみをださない

ものがあまっていたり、買いすぎたりしたら、シェアリングすればむだにならないし、ごみにもならない。

### レンタルでごみを減らす

使う期間が短いものは、レンタルすれば安く手に入るし、使用後もごみにならない。しかもしまう場所もひつようないので部屋がかたづく。

なんでも買う人 → レンタルを利用する人

## レンタルでむだな買いものを減らす

ドレスなどあまり着ないものは、レンタルするほうが安くすむし、いろいろなものを着られて楽しい。むだな買いものもしないですむ。

## カーシェアリングで排気ガスを減らす

車の使用台数を減らせるので、じゅうたいを少なくできるし、ガソリン代なども節約できる。排気ガスも少なくなる。

### レンタル&シェアリングに向いていないもの

レンタルやシェアリングできないもの、しないほうがよいものもあります。たとえば、直接はだに身につけている下着や、よく使っているふだん着などです。また、学用品や、通勤・通学に使う自転車や自動車なども、ひんぱんに使うもので向いていません。

ふだん着、学用品

レンタル&シェアリングをすることで、こんなによいことがあるんだね。

# ごみゼロ新聞

## カーシェアリング利用者80万人をこえる

交通エコロジー・モビリティ財団の調査によると、2016年3月に、カーシェアリングを利用している人の数は約84万6000人にのぼることがわかりました。

日本でカーシェアリングのサービスがはじまったのは2000年ごろで、2006年に行った調査では、利用者は約1700人にすぎませんでした。

それから10年でカーシェアリングは、大きく広がっています。全国的にみると、駐車場になる場所が集まっていて、駐車場の少ない都市の周辺で、カーシェアリングを利用する人が多くなっています。

シェアする車をとめておく「ステーション」も全国に広がっている。

## 流山市でチャイルドシート無料貸しだし

千葉県流山市では、市内に住んでいて、6歳未満の子どもがいる人にチャイルドシートを無料で貸しだす制度があります。貸しだしを希望する人は、電話で予約をしたうえで、運転免許証などを持って、指定の公民館のまどぐちに行き、チャイルドシートを受けとります。貸しだし期間は3か月で、1年間まで更新できます。

## コミュニティサイクルを東京の6つの区で導入

ドコモ・バイクシェアは2017年1月までに、東京都の千代田区、中央区、港区、新宿区、文京区、江東区の6つの区と共同でコミュニティサイクルのサービスをはじめました。

このサービスでは会員登録をすればいつでも6つの区にあるサイクルポートで自転車を借りられ、使ったあとは、目的地の近くにあるサイクルポートに自転車をもどせます。

1回につき最初の30分は150円で借りることができるほか、使用時間や回数によって、安くなるプランもあります。

東京23区でドコモ・バイクシェアが運営するコミュニティサイクルが導入されている場所。

# かさのシェアリングがピンチに！

## ごみゼロ新聞 第5号

松江市内に置いてあるシェア傘。

島根県松江市のまちづくりネットワーク島根では、2012年から、かさの無料貸しだしサービス「松江だんだんシェア傘」を運営しています。これは市内の会社や店に専用のかさ立てを置いておき、急な雨にふられた人がかさを借りて、使うことができるしくみで、使いおわったら、かさ立てに返すことになっています。これまでたくさんの人がこのシェア傘を利用してきました。

けれども、貸しだされたかさのほとんどは返ってきていないのが実情です。これは「返すのがめんどうくさい」「自分ひとりくらい返さなくてもだいじょうぶだろう」という気もちを持つ人が多いためだと考えられます。

「このままだと、この先シェア傘のサービスをつづけていけなくなるかもしれない。借りたかさはきちんと返してほしい」とまちづくりネットワーク島根は語ります。

### 達人のつぶやき

電車の中のわすれものでいのがかさなんだって。鉄道会社はお客さんがいつ取りに来てもいいように、わすれものをきちんと取っているけれど、かさを取りに来る人はとても少ないという。

いまのようにものがたくさんなかった時代は、かさもたいせつにあつかわれていたけれど、いまは、かさを使いすてのように使う人がふえてしまったのかもしれないね。

松江市のシェア傘は、ごみを減らすための方法だけど、自分が使いおわったらきちんと返すというマナーを守らないと意味がない。もっとマナーが守られるようになって、シェア傘がつづいていくといいね。

# レンタル＆シェアリングの達人たち

レンタルやシェアリングに取りくんでいる地域や企業などの活動のようすを見てみよう。

コミュニティサイクル
▶ **24** ページ

赤ちゃん用の品物のレンタル
▶ **28** ページ

シェアハウス
▶ **26** ページ

店や会社で使うもののレンタル
▶ **30** ページ

## ファッション、DVD、CDなどのレンタル
▶ **32** ページ

タイムズカープラス
## カーシェアリング
▶ **34** ページ

## あかり安心サービス
▶ **36** ページ

フードサルベージ
## サルベージ・パーティ®
▶ **38** ページ

海外の取りくみ
## ヨーロッパ
▶ **40** ページ

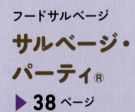

海外の取りくみ
## アメリカ
▶ **41** ページ

23

# コミュニティサイクル

自転車をシェアリングして、使いたいときだけ使うことができるコミュニティサイクル。自転車は、ガソリンがいらないので車で移動するより、ずっとエネルギーの使用量を減らすこともできます。

## コミュニティサイクル

短時間だけ自転車をレンタルするコミュニティサイクルという取りくみが全国のさまざまな市区町村ではじまっている。まちのあちこちに「ポート」や「ステーション」とよばれる貸しだしの拠点をつくり、利用者はそこで自転車を借りたり返したりする。

## コミュニティサイクルのしくみ

ふつうのレンタルサイクルの場合、自転車を借りる場所と返す場所は同じだが、コミュニティサイクルでは、目的地の近くのポートに返せばよいしくみになっている。

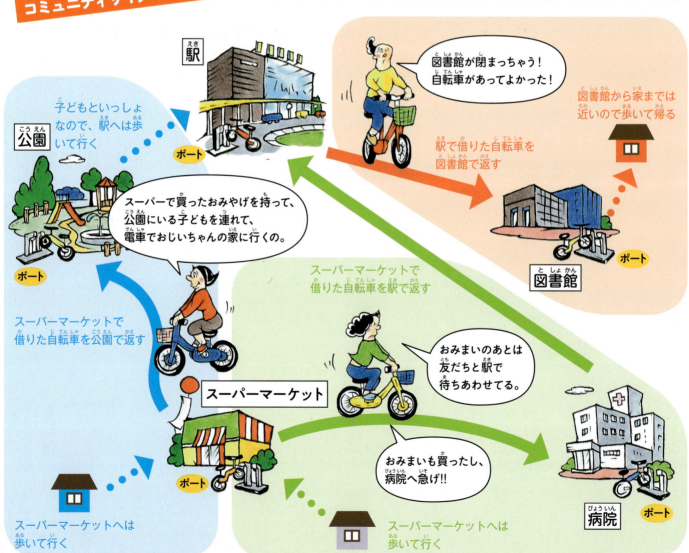

# まちのり

石川県金沢市で実施されている「まちのり」というコミュニティサイクルは、市内に21か所のポートが用意されており、観光客や買いもの客に利用されている。利用料金は、基本料金が200円。

## ①会員登録をする

金沢駅の近くにある「まちのり」の事務局。ここで会員登録をする。手荷物あずかり（有料）なども行っている。

走りやすい金沢市内の道。

## ②自転車を借りる

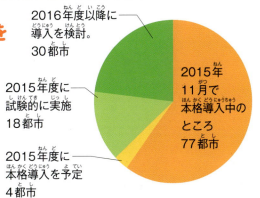

事務局で会員登録をして自転車を借りる。市内にある21か所のポートのどこでも自転車を借りられる。

### 安全に使ってもらうための取りくみ

「まちのり」では利用者が安全に自転車に乗ってもらえるように、ヘルメットのレンタルや、運転しやすい道や人通りの多い道などの情報がかかれた地図を配布している。自転車の点検や、ポートの清掃も、こまめに行われている。

自転車には走るときのルールが注意書きされている。

スタッフによる自転車の整備。

### コミュニティサイクルを取りいれている地域

日本では金沢市をはじめ77の都市（2015年11月時点）でコミュニティサイクルが導入されており、毎年その数はふえています。

- 2016年度以降に導入を検討。30都市
- 2015年度に試験的に実施 18都市
- 2015年度に本格導入を予定 4都市
- 2015年11月で本格導入中のところ 77都市

出典：「コミュニティサイクルの取組等について（2016年3月）」（国土交通省）

東京都千代田区で実施されているコミュニティサイクル「ちよくる」の自転車。

レンタル&シェアリングの達人 ②

# シェアハウス

ひとつの家を何人かでいっしょに借りてくらすシェアハウスは、空家をつくりかえて再利用することが多いのがとくちょうです。新しく家を建てるよりも、使う資源やすてるごみが少なくてすみます。

## みんなでいっしょにくらす

シェアハウスには、それぞれの住人の部屋と、台所やトイレ、浴室や広いテーブルがあるリビングなど、みんなで利用する共用スペースがある。冷蔵庫や洗濯機などの家電製品もみんなで使えるように用意されている。ものを新しく買いそろえるひつようもないので、資源を使う量を減らすこともできるし、ごみの量を減らすことにもつながっている。

住む人がいなくなった空き家をシェアハウスにつくりかえる。

### シェアハウスの例（ユウトヴィレッジ南長崎）

東京都にあるシェアハウス「ユウトヴィレッジ南長崎」では1軒の家に4つの部屋があり、1部屋は仕事場で、3部屋を居住用にしている。外国人旅行者が短期間利用することもある。

色がついている場所は共用スペース。

2階

仕事場として使われている部屋
203号室

人が入居している部屋
202号室

# 1階

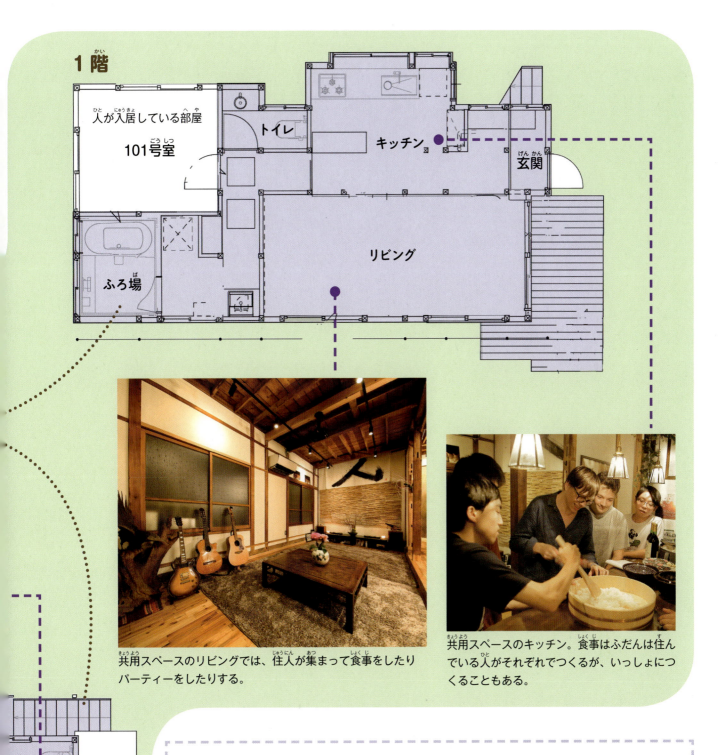

共用スペースのリビングでは、住人が集まって食事をしたりパーティーをしたりする。

共用スペースのキッチン。食事はふだんは住んでいる人がそれぞれでつくるが、いっしょにつくることもある。

## 新しい人とのつながりができる場所

　シェアハウスのとくちょうのひとつに、いろいろな人といっしょに住むので、これまでつながりのなかった人と知りあい、親しくなれるということがあります。また、地域の人たちといっしょに、パーティなどのイベントを開くシェアハウスもあり、地域とのつながりを積極的につくることができます。

地域の人をまねいてイベントを開いている。

# レンタル＆シェアリングの達人 ③
# 赤ちゃん用の品物のレンタル

赤ちゃんは成長が早いので、赤ちゃん用の品物は、使う期間が短いものがほとんどです。ひつようなときにひつようなものだけレンタルすれば、むだなく使うことができます。

## 🗑 おもちゃのレンタル

小さな子ども用のおもちゃのレンタルを行っている「トイサブ！」では、子どもの成長に合わせてさまざまなおもちゃを用意しており、おもちゃの使い方のアドバイスも行う。ひつようなおもちゃをひつようなときに借りられ、たくさんの子どもたちと共有できるので、ごみの量を減らすことができる。

### 時期にあったおもちゃ

年れいに合ったおもちゃを借り、成長したらまたべつのおもちゃを借りる。

**0～1さい**
「まわす」「くりかえす」といった、かんたんな動きであそぶもの。

**1～2さい**
たたいて音がでる木琴など自分で動かしてあそぶもの。

**2～4さい**
複数のリングでいろいろな組みあわせをつくるおもちゃなど、考えたり、覚えたりしてあそぶもの。

### 安心してあそべるように

赤ちゃんが口に入れることがあるため、おもちゃはいつもきれいなじょうたいにしている。

使いおわったおもちゃの手入れ。細かいよごれもしっかりと落とす。

## 教えて！ おもちゃのレンタルのこと

**Q** どうしておもちゃのレンタルをはじめたのですか？

**A** 「トイサブ！」では、いろいろなデータをもとに、おもちゃの廃棄量を調べてみました。その結果、いま日本では、毎年約6000トンのおもちゃがすてられていることがわかりました。新しいおもちゃをつぎつぎ買って、使わなくなったおもちゃはすてる。こんなもったいないことはとめたいと思いました。おもちゃを借りるときは「これはちがうお友だちのところから来たんだよ」、おもちゃを返すときは「このおもちゃはつぎのお友だちのところに行くんだよ」と教えていくことで、ものを共有して使うことが自然と身につき、本当に買うひつようがあるものだけを新品として買っていく、そんな文化が成り立つのではないかと思って、この事業をはじめました。

## ベビー用品のレンタル

赤ちゃんのためのベッドやベビーカーなどのベビー用品は、赤ちゃんが大きくなると使わなくなることが多い。「ダスキン」では、使用期間が短いベビーベッドやベビーカーなどのベビー用品を貸しだしている。レンタルすれば、使用期間後もごみにならずにすむ。

### どんなときに使う?

「使うのは短いあいだだけど……。」
「やっぱりあるとべんりだね。」

### 使いたいときに使いたいものを

**ベビーベッド**
使う期間は、生まれてから半年前後。

**ベビーカー**
だいたい生まれてすぐから2さいくらいまで使用。
だいたい生まれて1か月目くらいから3さいくらいまで使用。

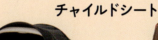

**チャイルドシート**
おすわりができないころの赤ちゃん用。
おすわりができるようになった赤ちゃんから小学生用。

### 安全に長く使う

つねに安全をたしかめ、清潔にして貸しだしている。

**ベビーベッド**
ネジや金具がゆるんでいるところは、しっかりとしめなおし、洗剤と専用の布でよごれをふきとる。

**ベビーカー**
ばらばらに分解してそれぞれの部品をきれいにふく。落ちにくい車輪の部分のよごれも念入りに落とす。

# 店や会社で使うもののレンタル

レンタル&シェアリングの達人 ❹

店や会社で使うものにも、レンタルすることで、むだやごみを減らせるものがあります。なかにはレンタルで何度も使われたあとで、別のものにつくりなおして再利用されるものもあります。

## 🗑 おしぼりのレンタル

洗って何度も使う、タオル地のおしぼりのレンタルを行っている「ＦＳＸ」では、何度も使用され古くなったものは、ウエスという使いすてのぞうきんにして、最後まで使いきる。

### おしぼりのレンタルの流れ

集められた使用済みのおしぼり。

貸しだし →

店

← 回収

### 入念なクリーニング

使用済みのおしぼりは、大型洗濯機でクリーニングする。洗剤は環境へのえいきょうが少ないものが使われている。

おしぼりを洗浄する専用の大型の洗濯機。

### ウエスとして生まれかわる

古くなったおしぼりは、染めなおしてぞうきんがわりのウエスにする。金属などをみがいたり、油よごれを落としたり、ボロボロになるまで使うことができる。

青く染められたウエス。

## ユニフォームのレンタル

工場や事務所、店など、さまざまなところで使われているユニフォームも、レンタルできるものがある。「アラマークユニフォームサービスジャパン」では、貸しだしたユニフォームを回収し、修理して長く着てもらえるように配慮している。

工場の白衣や、作業服、コック服などいろいろな場所で使われているユニフォーム。

## ユニフォームレンタルの流れ

### クリーニング工場でまとめて洗たく

回収したユニフォームは、「アラマークユニフォームサービスジャパン」のクリーニング工場で、まとめて洗たくされる。使った水は処理してきれいにするなど、環境にもはいりょしている。

国内に3か所ある工場のひとつ、足利工場（栃木県）は1日に6万点以上のユニフォームを洗たくできる日本最大級のクリーニング工場になっている。

ユニフォームのじょうたいを確認して、貸しだす。

貸しだし / 回収

ユニフォームをレンタルしている工場。

### きずついたものは修理する

ボタンが取れたり、ファスナーがこわれたりしたものは、長く着つづけられるように、修理して使われる。

修理されているユニフォーム。

### 教えて！ ユニフォームのレンタルのこと

**Q** ユニフォームを長く使えるようにどんなくふうをしていますか？

**A** 「アラマークユニフォームサービスジャパン」で貸しだしているユニフォームには、借りる人ひとりひとりを識別できるバーコードのテープをはりつけていて、その人専用のユニフォームとなります。
クリーニングや修理などのメンテナンスを行い、長くたいせつに着てもらうことができます。

31

レンタル&シェアリングの達人 ⑤

# ファッション、DVD、CD などのレンタル

流行の服やカバン、DVDやCDなどは、ついほしくなって買ってしまいがちです。でも、レンタルすれば本当にほしいかどうか、「ものの持ち方」を考えることもでき、ごみを減らすことにつながります。

## 流行のもののレンタル

服やバッグなど流行のあるものを、月ごとに、使う人の好みにあわせて送ってくれるサービスもある。期限は決まっていないので、気に入ったものは、長く使うことができる。買いとることができる場合もある。

流行の服を買いたいけど、流行がすぎると着なくなって、しまいきれなくなっちゃう。

## 洋服

インターネットで洋服のレンタルを行っている「airCloset」では、会員になると洋服を組みあわせる専門家であるスタイリストが、会員の好みにあった服を選んで送ってくれる。返却するとまた別の洋服が送られてくる。返却された洋服は、クリーニングされ、別の人に貸しだされる。

スタイリストが洋服を選ぶので、箱を開けるまで、どんな洋服がとどくのかはわからないという楽しみがある。

## バッグ

人気のバッグのなかには高価なものが多い。バッグ専門のレンタルサービスを行う「ラクサス」は、会員登録をすると、スマートフォンのアプリから好きなバッグを選んで借りることができる。

「ラクサス」で貸しだしているバッグは、約1万2000点。

### 手入れと消毒

使いおわってきずやよごれなどがついたバッグは、専門のスタッフが入念に手入れをして、新品とかわらないようなじょうたいにする。

専用のブラシで手入れをする。

バッグを殺菌する機械。

## 豊富な種類を借りられる

DVDやCD、マンガのレンタルショップ「TSUTAYA」では、作品の配置にくふうして、お客さんが探している作品を見つけやすくしたり、おもしろい作品をすいせんしたりして、レンタルをしやすくしている。また、DVDやCDが長持ちするようなくふうも行っている。

レンタルショップ「TSUTAYA」大崎駅前店。店頭には、たくさんのDVDやCD、マンガがならんでいる。

## きもちよくべんりに使うためのくふう

### 借りる前に聴ける
CDは、借りる人が中身を確認できるように、借りる前に、専用のプレーヤーにかけて聴くことができる。

CDをかけて、確認。

### いつでも返せる
閉店後も、返却期間内であれば、返却ポストに返すことができる。また、郵便で返せるサービスも行っている（一部の店をのぞく）。

店の入り口にある返却ポスト。店の外に置かれている場合もある。

専用ケースに入れてポストに投かんする。

## 商品を長もちさせるためのくふう

### 商品をきれいにする
よごれやきずなどで再生できなくならないように、返却されたときや貸しだしのときにクリーナーや研磨機を使って、読みとり面をきれいにしている。

DVDのきずをなくす研磨機。

### きずがつかないようにする
すべて専用のケースに入れて、保護している。

専用のケースに入ったDVD。

## 教えて！ DVD、CDのレンタルのこと

**Q** 古くなった商品はどうなるのですか？

**A** たなに入りきらなくなったり、レンタルをはじめてから長い時間がたってしまったりしたものは、おもにTSUTAYA DISCAS（インターネットで利用できる宅配レンタルサービス）の倉庫へ移します。もう借りられない、あまったからといってごみにしてしまうことはありません。店舗によっては中古品として販売することもあります。

# タイムズカープラス
# カーシェアリング

カーシェアリングとは、車をほかの人と共同で利用するサービスのことです。短い時間でも使え、鉄道やバスと組みあわせて使うことで、じゅうたいなどを減らすことにつながります。

## 車を共有する

カーシェアリングを利用すると、長い距離の移動に、鉄道やバスなどの公共交通を使うことがふえるため、走行距離や交通量が減り、排気ガスの排出量や、交通じゅうたいを減らすことにもつながる。カーシェアリングは、環境にもやさしい取りくみといえる。

## カーシェアリングの使い方

「タイムズカープラス」のカーシェアリングは、空いている車があれば24時間いつでも、すぐに借りて使うことができる。

たとえばこんなときに……

おばあちゃんを病院に連れていくときだけ車を使いたいな。

休みの日に家族と出かけるときだけ車があるといいな。

### 登録
インターネットで会員登録する。会員カードがとどいたらいつでも利用できる。

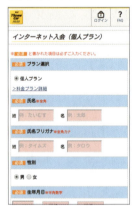

### 予約
インターネットで借りたい場所、時間、返却予定時刻などを入れて予約をする。

### 運転
最短で15分から使うことができる。

## エコカーのカーシェアリング

排気ガスの排出が少ない電気自動車などのエコカーは、まだまだ高価な車で、ひとりで購入するのはむずかしいものです。けれど、カーシェアリングなら、1台の車を何人もで共有するので、高価な車も利用することができます。エコカーのカーシェアリングがふえれば、地球環境もいまよりもっと、よいものになっていくかもしれません。

愛知県岡崎市で実験的に行われたカーシェアリングで使われた電気自動車。電気自動車は、排気ガスが出ず、環境にやさしいため、自治体が進めるカーシェアリングで用いられることが多い。

## 使いやすくするためのくふう

### 使いやすい場所にある

タイムズカープラスでは、シェアリングの車を駐車している場所を「ステーション」とよぶ。ステーションは全国に8000か所あり、マイカーがわりに使えるように住宅地にあったり、鉄道や飛行機と組みあわせて使えるように駅や空港のそばに設置されていたりする。住人が使いやすいようにマンション内の駐車場に設置されることもある。

### すぐに登録できる

一部のステーションでは、すぐに車を使いたい人のために、無人入会機を設置している。これを使うと、登録の手つづきが10分ほどでできる。

駅のそばにあるステーション。

マンションの駐車場にあるステーション。マンションの住人以外も利用できる。

### 給油をすると割引になる

ガソリン代は使用料にふくまれているが、ガソリンが足りなくなったら使う人が入れる。この場合、使用料が15分間分割引になる。

### さまざまな車がある

軽自動車やミニバンなどさまざまな車種が用意されている。外国の車や電気自動車を用意しているステーションもある。

# あかり安心サービス

あかりをレンタルするこころみも行われています。会社で使われる蛍光管などをレンタルする「あかり安心サービス」は、使用した蛍光管を適切に処理できるため、環境へのふたんを減らせます。

## 🗑 蛍光管のレンタル

ビルや工場などの大きな建物で使用している蛍光管にはじゅみょうがあり、しばらく使うと、新しい蛍光管に買いかえなければならない。
そこでパナソニック（当時は松下電器産業株式会社）は、ビルや工場を持つ会社に対して蛍光管を貸しだし、使いおえた蛍光管を回収して、てきせつにリサイクルする「あかり安心サービス」を考案した。

会社で使われているたくさんの蛍光管。

## あかり安心サービスのしくみ

サービス会社が蛍光管のレンタルを行い、収集会社や処理工場と提携して、使いおわった蛍光管を正しくしっかりと処理する。

さいきんでは、LEDランプの貸しだしも行っている。LEDランプは長寿命のため、蛍光管よりも交換する回数が少なくてすみ、ごみも減る。

サービス会社（パナソニックの代理店）
蛍光管の貸しだしを行う。

パナソニック
つくった蛍光管をサービス会社に売る。

新しい蛍光管を貸す。

利用している会社
ビルや工場で蛍光管を使う。

使用済みの蛍光管を返す。

収集会社
蛍光管を回収し、処理工場へと運ぶ。

## 安全に処理される蛍光管

蛍光管に入っている水銀は、有害物質。そのため、使用済みの蛍光管は、かならずほかのごみとは分別して、てきせつに処理しなければならない。
あかり安心サービスで回収された蛍光管も、処理工場に送り、材料ごとに分け、リサイクルする。

蛍光管のリサイクルを行っている工場。

あかり安心サービス専用の蛍光管。つつんでいる箱も再生紙が使われている。

**処理工場**
回収された蛍光管をガラス、アルミ、水銀などの種類ごとに分ける。それぞれリサイクルされ、新しい蛍光管の材料にも使われる。

**蛍光粉**
新しい蛍光管にリサイクルされる。

**アルミ**
アルミ製品の原料としてリサイクルされる。

**ガラス**
とかしてガラスウールや断熱材にリサイクルされる。

**水銀**
実験用の薬品などにリサイクルされるほか、環境や人体に影響がないようにきちんと処理される。

★リサイクルについては ⑥リサイクル でくわしく説明しているよ。

レンタル&シェアリングの達人 ⑧

# フードサルベージ
# サルベージ・パーティ®

「サルベージ・パーティ®」は、フードサルベージが行っている、冷蔵庫のすみにのこっているあまりものの食品を、むだにしないで、おいしく楽しく食べる取りくみです

## 🗑 残った食品が大変身

のこっている食材を持ちより、集まった食材でできるメニューを料理して食べる。「サルベージ・パーティ®」はこうした食材シェアパーティの一種で、プロの料理人が調理を行う。あまりものでも、くふうのしかたでおいしい料理になるし、食材のごみを減らすことにもつながる。

## サルベージ・パーティ®の流れ

「サルベージ・パーティ®」は参加者が持ちよった食材で料理をする。サルベージシェフというプロの料理人が献立を考える。

**食材を持ちよる**
参加者が家にあった食材を持ちよる。

**調理をする**
サルベージシェフは、その食材からどんな料理がつくれるか考え、調理を行う。

### 使えない食材
・消費期限の切れたもの
・保存状態がよくないもの
・小麦粉など、調理に時間がかかる粉もの

など

### あまりものでできた料理

サルベージ・パーティ®でつくられた料理の一部を見てみよう。

**和風チーズカレーリゾット**

**おもな材料**
レトルトカレー、昆布、米、ズッキーニ、バナナ、ズワイガニ、粉チーズ、ミョウガ

**ポイント**
カレーに昆布をくわえて和風にし、バナナを野菜がわりに使った。

**キムチとトマトのつけめん**

**おもな材料**
キムチ、ほうれん草、トマト、みそ煮込みうどんの素、ココナッツミルク、鶏ガラスープ、片栗粉、うどん

**ポイント**
キムチとみそを合わせてつけめんのスープにした。

**チーム豆**

**おもな材料**
とうふ、インゲン、さんまのかば焼き、納豆

**ポイント**
納豆をオーブンで焼いて香ばしくした。

親子での参加者も多い。

## 教えて！「サルベージ・パーティ®」のこと

**Q なぜサルベージ・パーティ®をはじめたのですか？**

**A** 以前から食材をすてなければいけないことがあると、気分が悪かったのですが、まだフードロスについて知識もなく、勉強していなかったのでよく分かっていませんでした。この食材をすてるときのもやもやした気持ちを探ってみようと、2013年、友人を20人くらい集めて、家で持てあましている食材を持ちよったのがサルベージ・パーティ®のきっかけです。知りあいのシェフにも手伝ってもらって、みんなの前で調理をしてもらい、できた料理をシェアしました。これがとてもおもしろく、自分たちでくりかえし開催しました。そうしているうちに、まねしてくれる人がふえてきて、本格的に取りくむようになりました。

**Q サルベージ・パーティ®に参加するにはどうすればよいのですか？**

**A** サルベージ・パーティ®（サルパ）は、家にあまった食材を持ちより、みんなでおいしく変身させるシェアパーティです。自分でサルパを企画して開催するもよし。全国のどこかで開かれているサルパに参加するもよし。サルベージ・パーティ®のウェブサイトには、開催予定のサルパについて案内しているので、のぞいてみてください。
http://salvageparty.com/

# ヨーロッパ

レンタル＆シェアリングの達人

海外の取りくみ

ヨーロッパのスイスやドイツを中心に、「パンピパンペ」という団体が、郵便受けにシールをはって、近所どうしの、ものの貸し借りを行う取りくみをすすめています。

## 🗑 貸し借りをすすめるシール

スイスやドイツでは、自宅の郵便受けにさまざまな品物の絵がかかれたシールがはってあることがある。これは、その品物を貸してもいいというしるし。品物を借りたい人は、直接、そのシールをはりだした人をたずねて、貸してもらう。

このこころみを行っているのは、「パンピパンペ」という団体。ホームページを通じて連絡を取ると、シールを送ってもらえる。借りた人はその品物をたいせつに使い、使い終わったらすぐに返すのがマナー。

シールがはってあるポスト。台所用品など11の品物を貸しだしてもよいということをしめしている。

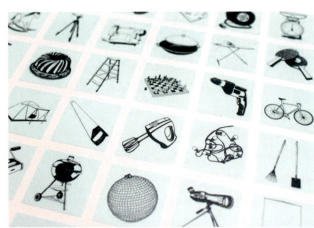

台所用品や大工用品のほか、自転車やチェスなど40種類以上のシールがある。

「パンピパンペ」から送ってもらったシールを郵便受けにはりつける。

レンタル＆シェアリングの達人

# アメリカ

アメリカを中心に、旅行者に向けた自転車のシェアリングサービスが行われています。旅行者は、ウェブサイトに登録されている自転車を、安く借りることができます。

海外の取りくみ

## 自転車のシェアリング

「スピンリスター」は、おもに、旅行先で自転車を使いたい人が利用する自転車のシェアリング。スピンリスターのウェブサイトにある地図で、使いたい場所と乗りたい自転車を選び、持ち主と連絡をとり、借りる。

リストから乗りたいものを選ぶと、その自転車の写真と説明、使った人の感想などがあらわれる。ここから持ち主に連絡できる。

自転車を登録している人がどこに住んでいるかがアイコンでしめされている。

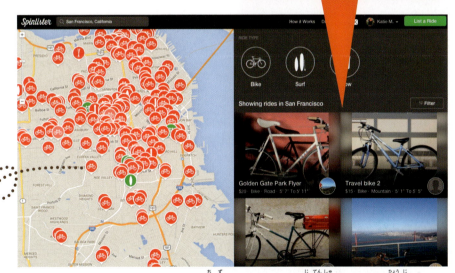

「スピンリスター」のウェブサイト。地図とそのエリアの自転車のリストが表示されている。リストには１日分の料金と自転車のサイズ、タイプなどが出ている。

## スキーやサーフィンボードのシェアもできる

「スピンリスター」では自転車だけでなく、スキーやスノーボード、サーフィンボードも借りることができる。使い方は、自転車を借りるときと同じ。スキーやスノーボードは山の近く、サーフィンボードは海の近くで、登録されていることが多いので、使いたい人にはべんり。

サーフィンボードを借りたいときは「SURF」ページを見る。

みんなでチャレンジ！

## レンタル＆シェアリングミッション①

# レンタルショップを調査しよう

レンタルショップでは、どんなものを貸しているのでしょうか。
班ごとに調査して、まとめたことを発表してみましょう。

### 1 レンタルショップをさがす

班に分かれて、学校の近くにどんなレンタルショップがあるか、また、レンタルを実施している団体があるか、調べる。

### 2 見学のお願いをする

見学に行く店を決めて、見学のお願いの電話をする。

○○小学校の●年●組、○○です。いま、お話ししてもいいですか？

**電話をするときに注意すること**
- はじめに学校と名前をいう。
- いま、話してもいいときか確認する。
- 見学に行くならいつがいいか、都合を聞く。
- 何人で見学に行く予定か、目的や聞きたい内容をつたえる。

## 3 レンタルショップへ行く

店の人が都合のよい日時にたずねて、店を見学させてもらう。
質問してみたいことは、あらかじめ決めておく。

**見てみよう**　　たとえば……
- □ どんな商品が置いてあるかな。
- □ 商品のならべ方にどんなくふうをしているかな。

**聞いてみよう**　　たとえば……
- □ お客さんに商品を貸しだすとき、どんなことに気をつけていますか。
- □ どんな商品が人気ですか。

## 4 クラスで発表しよう

見学に行って調査してきたことを発表しよう。

○×店では、スーツケースを貸す前に細かいところもきちんとふいていました。

▽△店には、マンガの本がたくさんありました。○さいぐらいの人がたくさん借りているそうです。

みんなでチャレンジ！

## レンタル＆シェアリングミッション②

# みぢかなあまりもの料理

みんなの家でどんな食材があまっているか調べてみよう。
あまっているものを持ちよっておいしいものをつくろう。

**1　食材をさがす**　　家であまっている食材はないかさがす。
消費期限はいつなのかもたしかめよう。

食材は買いすぎたものや、冷蔵庫のなかでなかなか使われないものをえらぶといいよ。使っていいかもふくめ家の人に相談してみよう。

**2　食材を書きだす**

グループで、それぞれの家にどんな食材があまっていたかをいいあって、書きだす。

## 3 料理を考える

書きだした食材で、どんな料理がつくれるのかを考える。インターネットで検索してもいい。

ほかにひつような食材が出てきたら、新しく買うのではなく、家にあるものをくふうして使うようにしよう。

「メニューは、シーフードスパゲッティ　具だくさんオムレツ　かいそうサラダ　フルーツポンチにしよう。」

## 4 料理をつくる

会場となる家に食材を持って集まったら、料理をして、みんなで食べよう。

火や刃物を使うので調理は大人といっしょにすること。

「きをつけて」

## 5 クラスで発表しよう

どんな食材があまっていて、どんなものがつくれたか発表しよう。

「わたしの家では冷凍のシーフードとキャベツがあまっていました。」

# レンタル＆シェアリング編

さて、レンタル＆シェアリングのことがわかったかな？
検定問題にちょうせんだ！

### レンタル＆シェアリングではないのはどれ？

1. 1台の車をたくさんの人で使う
2. 数台の車をたくさんの人で使う
3. 車を借りて出かける
4. 車の部品を別のものにつくり変える

### レンタル＆シェアリングに向いていない組みあわせはどれ？

1. 赤ちゃんがいる人 ⇔ ベビー用品
2. たくさんの映画を一度ずつ見たい人 ⇔ DVD
3. よく海外出張に行く人 ⇔ スーツケース
4. ブランド品を数回だけ持ってでかけたい人 ⇔ ブランド品

### レンタル＆シェアリングのよい点でないのはどれ？

1. 収納スペースが少なくてすむ
2. ひとつのものに愛着が持てる
3. そのときの気分で選べる
4. 買うより安いこともある

### レンタル＆シェアリングについて、うまくいっていなかったのはどれ？

1. 自転車をシェアして観光できる町がある
2. 家をシェアする取りくみ
3. かさをシェアする取りくみ
4. 洋服をレンタルする取りくみ

# さくいん

この本に出てくる、おもな用語をまとめました。見開きの左右両方に出てくる用語は、左のページ数のみ記載しています。

## あ
- あかり安心サービス ……………… 36
- アルミ ……………………………… 37
- 家 …………………………………… 26
- ウエス ……………………………… 30
- エコカー …………………………… 35
- おしぼり …………………………… 30
- おもちゃ …………………………… 28

## か
- カーシェア ………………………… 8
- カーシェアリング ……… 19、20、34
- ガラス ……………………………… 37
- キャンプ用品 ……………………… 13
- 車 …………………………… 8、11、19、34
- 蛍光管 ……………………………… 36
- 蛍光粉 ……………………………… 37
- コミュニティサイクル ……… 20、24

## さ
- サルベージ・パーティ® …………… 38
- CD ……………………………… 14、32
- シール ……………………………… 40
- シェアハウス ……………………… 26
- シェアリング ……… 8、10、16、18、41
- シェア傘 …………………………… 21
- 自転車 ……………………… 20、24、41
- 食材 ………………………………… 38
- 食材シェアパーティ ……………… 38
- スーツケース ……………………… 13
- 水銀 ………………………………… 37
- スキー用品 ………………………… 13

## た
- 食べもの …………………………… 17
- チャイルドシート ……… 12、20、29
- 駐車場 ……………………………… 16
- DVD …………………………… 14、32
- ドレス …………………………… 13、19

## は
- バッグ ……………………………… 32
- ファッション ……………………… 32
- ベビーカー ………………………… 29
- ベビーチェア ……………………… 12
- ベビーベッド ………………… 12、29
- ベビー用品 …………………… 12、29
- ポート ……………………………… 24

## ま
- マンガ ………………………… 6、33
- ものの持ち方 ………………… 18、32
- ユニフォーム ……………………… 31

## や
- 洋服 ………………………………… 32

## ら
- レンタル
  … 6、9、10、12、14、18、28、30、32、36
- レンタルショップ …………… 14、33

---

### Rの達人検定　46ページの答えと解説

**問題1　答え：4**
4だけは、リサイクルです。車はレンタル＆シェアリングが広がってきた製品の代表例です。くわしくは、本文で復習してください。

**問題2　答え：3**
利用する回数が少ない場合や、利用する期間が短い場合は、レンタル＆シェアリングに向いていると考えられますので、3はあまり向いていないでしょう。

**問題3　答え：2**
レンタル＆シェアリングではひとつのものを持ちつづけるわけではありません。そのため、2はよい点ではないと考えられます。

**問題4　答え：3**
シェアするかさがもどってこないため、こまっているところがあります。

# ごみゼロ大作戦！ めざせ！Rの達人
## 5 レンタル＆シェアリング

**監修● 浅利美鈴** あさりみすず

京都大学大学院工学研究科卒。博士（工学）。京都大学大学院地球環境学堂准教授。「ごみ」のことなら、おまかせ！日々、世界のごみを追いかけ、ごみから見た社会や暮らしのあり方を提案する。また、3Rの知識を身につけ、行動してもらうことを狙いに「3R・低炭素社会検定」を実施。その事務局長を務める。「環境教育」や「大学の環境管理」も研究テーマで、全員参加型のエコキャンパス化を目指して「エコ〜るど京大」なども展開。市民への啓発・教育活動にも力を注ぎ、百貨店を会場とした「びっくり！エコ100選」を8年実施。その後、「びっくりエコ発電所」を運営している。

装丁・本文デザイン● 周　玉慧
ＤＴＰ● スタジオポルト
編集協力● 酒井かおる
イラスト● 仲田まりこ、中垣ゆたか
校閲● 青木一平
編集・制作● 株式会社 童夢

**写真提供・協力**

アラマークユニフォームサービスジャパン株式会社／一般社団法人フードサルページ／NPO法人まちづくりネットワーク島根／FSX株式会社／金沢レンタサイクルまちのり事務局／株式会社エアークローゼット／株式会社ダスキン　レントオール事業部／株式会社ドコモ・バイクシェア／株式会社トラーナ Toysub!／株式会社ユウト／JFE環境株式会社／SPINLISTER／千葉県流山市市役所土木部道路管理課／TSUTAYA 大崎駅前店／タイムズ２４株式会社／パナソニック株式会社 エコソリューションズ社／pumpipumpe／毎日新聞社／ラクサス・テクノロジーズ株式会社

＊本書の情報は、2017年4月現在のものです。

---

| | |
|---|---|
| 発行 | 2017年4月　第1刷 ⓒ<br>2019年9月　第2刷 |
| 監修 | 浅利美鈴 |
| 発行者 | 千葉 均 |
| 発行所 | 株式会社ポプラ社<br>〒102-8519　東京都千代田区麹町4-2-6　8・9F |
| 電話 | 03-5877-8109（営業）<br>03-5877-8113（編集） |
| ホームページ | www.poplar.co.jp（ポプラ社） |
| 印刷 | 瞬報社写真印刷株式会社 |
| 製本 | 株式会社難波製本 |

ISBN978-4-591-15354-3
N.D.C. 518 ／ 47p ／ 29 × 22cm Printed in Japan

---

落丁本・乱丁本は、お取り替えいたします。小社宛にご連絡ください（電話0120-666-553）。受付時間は月〜金曜日、9:00〜17:00（祝日・休日は除く）。
読者の皆様からのお便りをお待ちしております。
いただいたお便りは監修者にお渡しいたします。

本書のコピー、スキャン、デジタル化等の無断複製は著作権法上での例外を除き禁じられています。本書を代行業者等の第三者に依頼してスキャンやデジタル化することは、たとえ個人や家庭内での利用であっても著作権法上認められておりません。

P7186005

# ごみゼロ大作戦！

## めざせ！Rの達人　全6巻

監修　浅利美鈴

◆このシリーズでは、ごみを生かして減らす「R」の取りくみについて、ていねいに解説しています。

◆マンガやたくさんのイラスト、写真を使って説明しているので、目で見て楽しく学ぶことができます。

◆巻末には「Rの達人検定」をのせています。検定にちょうせんすることで、学びのふりかえりができます。

1. ごみってどこから生まれるの？
2. リデュース
3. リフューズ・リペア
4. リユース
5. レンタル ＆ シェアリング
6. リサイクル

小学校中学年から　　A4変型判／各47ページ
N.D.C.518　図書館用特別堅牢製本図書

---

★ポプラ社はチャイルドラインを応援しています★

18さいまでの子どもがかけるでんわ

**チャイルドライン®**
**0120-99-7777**

ごご4時〜ごご9時　＊日曜日はお休みです
電話代はかかりません　携帯・PHS OK

18さいまでの子どもがかける子ども専用電話です。
困っているとき、悩んでいるとき、うれしいとき、
なんとなく誰かと話したいとき、かけてみてください。
お説教はしません。ちょっと言いにくいことでも
名前は言わなくてもいいので、安心して話してください。
あなたの気持ちを大切に、どんなことでもいっしょに考えます。